鸢飞戾天鱼跃于渊

如果你是醒了，推开窗子

看这满园的欲望多么美丽

祝小朋友和大朋友们

开卷有益

余世存

壬寅大暑

献给小墩儿

余世存

给孩子的时间之书

秋

立秋
处暑
白露
秋分
寒露
霜降

余世存—著
花农女—绘

中信出版集团 | 北京

图书在版编目（CIP）数据

余世存给孩子的时间之书. 秋 / 余世存著；花农女
绘. -- 北京：中信出版社, 2022.11
ISBN 978-7-5217-4787-4

Ⅰ.①余… Ⅱ.①余…②花… Ⅲ.①二十四节气—
少儿读物 Ⅳ.① P462-49

中国版本图书馆 CIP 数据核字 (2022) 第 177527 号

余世存给孩子的时间之书：秋

著　　者：余世存
绘　　者：花农女
出版发行：中信出版集团股份有限公司
　　　　　（北京市朝阳区惠新东街甲4号富盛大厦2座　邮编　100029）
承 印 者：河北彩和坊印刷有限公司

开　　本：787mm×1092mm　1/24　　印　张：5　　字　数：48千字
版　　次：2022年11月第1版　　印　次：2022年11月第1次印刷
书　　号：ISBN 978-7-5217-4787-4
定　　价：37.00元

服务热线：400-600-8099
投稿邮箱：author@citicpub.com

推荐序

　　世存给孩子的时间之书，不仅是写给孩子们的游艺作品，也是给家长、老师等大人们四时八节的时礼。作者通过一百多场情景对话短剧，把一年时间中的节气文化、历史、习俗做了一个全面而综合的介绍，这部书的常识性和人文主义色彩是罕见的。据说，这部书是疫情隔离时期的产物，可以说它是时代的产物，有着对时代社会的安顿和超越。

　　时代是人生存的前提，这让很多人赖上了时代，因此吃瓜、躺平、焦虑、等待。我曾经说过，我不认为有什么困难能让人焦虑、抑郁，甚至产生精神问题。如果把时代放在大时间尺度之中，把一年放在一世、一甲子、一百年的尺度之中，模糊的暧昧的当下都是可以确定的、应该珍惜的，应该只争朝夕。

　　世存的这部作品不属于等待一类，它有着真实不虚的确定性。一年时间中的天地自然背景，仍确定地在我们身边等待我们去发现、去对话互动。世存多年来投入对"中国时间"的研究，成果丰硕，在此基础上写作本书，深入浅出，举重若轻，他将国人或外人"不明觉厉"的节气文化讲解得生动易懂。他用家人、朋友之间的场景互动来观察一年时间的演化，本身具有励志性、成长性，整部作品洋溢着难得的温情和人道情怀，让人读来多有感动。

　　尽管天气冷暖反常，温室效应和海平面上升让人不安，但节气时间仍有丰厚的内容可以滋养我们，甚至如作者所展示的，我们当代人在这一具体而微的时间尺度中仍可以创造出新的节气文化。用流行的话说，节气不仅有巨大的存量，还有无限的增量。

　　世存的"中国时间"系列，其影响有目共睹。不少人引用过他在《时间之书》中的句子："年轻人，你的职责是平整土地，而非焦虑时光。你做三四月的事，在八九月自有答案。"但我更注意到他挖掘出古代天文学的术语,即五天时间称作微,十五天时间称为著。见微知著原来有这样天文时间的含义。天气三微而成一著,我们乡下农民所说的见物候而知节气,原来如此,本来如此。

有些朋友注意到世存治学范围的调整,对一些领域的涉足,与其说转向,不如说是丰富。作者是少有的能对历史和当代社会提供总体性解释的学人,是谈论中外文化而能让人信任的学人,这反证作者为人为学的真诚。的确,有一些领域因为作者的介入而真正激活了,只要读过作者的文字,就会相信文如其人——温和而坚定,包容而自省。现在,作者为人们提供了这样一部更亲切的二十四节气,我相信这部书的经典价值,它将参赞我们人类日新又新的节气文化。

是为序。

俞敏洪

余老师说"秋"

秋天属于壮年，属于大人。什么是大人？大人是成人，是有德行的人，懂得万物道理，体谅善待他人，能够顺应自然规律。

秋天是利。秋天是成熟的季节，山川河流、田野森林，都有丰美的果实。

秋天是收。秋天是收获的季节，我们对世界的愿心在此得到了意想不到的回报。

秋天是义。义既界定了明晰的财产权，又让我们有财力担当、布施。秋天担当着人生正义和社会正义。

秋天的声音是商音①，有着金属般的质地，就是

---

① 商音：中国古乐的基本音为宫、商、角、徵、羽五音。五音不仅是声音，也是万事万物的规律或基本属性，商音对应秋季，有收获、结果功能。

成年人的声音，有理性，有逻辑，有负重。古人说，闻商音使人方正而好义。

秋天的六个节气再度强化我们的感觉：立秋、处暑检验我们的视觉，白露、秋分拓展我们的听觉，寒露、霜降训练我们的嗅觉。

秋天相当于一天当中下午三点到晚上八点的时间，相当于人生的五六十岁的年龄。秋天是人们充分社会化的季节。正是在与他人与世界的交流中，人们能够意识到自己的位置，知道自己的天命，而能倾听不同的声音。一个国家、一个社会就是各种声音的汇合，只有倾听，我们才能看清自己。苏格拉底的名言就是，认识你自己！

秋天属于商人，服务于世界的各种需要，互通有无，使世界的资源尽可能分布均衡。秋天就是收获和完成，人们在这时完成了自己的责任，成长为"大人"。

目录

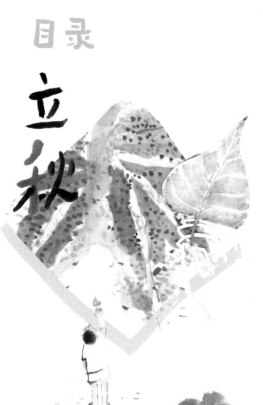

立秋

上半年 上午

上 半年

半年

上

年老 中 下午

青同少年

秋之愁

大暑之后，爸爸感叹，马上就到秋天了。

小君问，爸爸，你怎么皱起了眉头？

爸爸说，心字上面有个秋字就是愁啊。一到秋天，人就觉得一年快过去了。大人愁生活，愁国事家事天下事，要愁的东西太多了。

小君说，秋天不是天气转凉了吗，多好啊，为什么要发愁呢？

爸爸说，你这是小朋友的想法，是"却道天凉好个秋"！这样吧，你画一条抛物线，我们来看看这个问题。

小君在笔记本上画了一条抛物线，爸爸又让他在中间画一条竖线。

爸爸说，你看抛物线左边，是上升的，右边是下降的。你在左边列出上半年、上午、青少年，在右边列出下半年、下午、中老年。

小君列出来后说，爸爸，我有点儿明白了，原来秋天来了就是下降曲线，就跟你们大人进入中老年状态，走下坡路一样。

二
秋
之
收

　　小君问爸爸，既然心上有秋是愁字，那秋字，禾跟火在一起是什么意思呢？

　　爸爸解释说，禾苗有火，禾代表农作物，比如稻谷、瓜果，也代表草木；火代表能量。两个字在一起，代表庄稼草木都成熟了，有了可给人类提供能量的果实。所以秋天是收获的季节，春生、夏长，那么秋天就是收，从学生、学长，到学收。

　　小君问，是谁的就是谁的，收获不就是谁种谁收，

禾:[hé]

火:[h

6

7

还需要学吗？

妈妈说，你在夏天是学长，知道万事万物都有边界，都有自己的权利范围。但在秋天收获的时候，你却要注意不能只顾自己，这就是学收。就像农民朋友，收割地里的庄稼，一般都不会收得干干净净，留下来、掉下来的粮食瓜果，供给那些更贫苦的人，还有飞禽走兽们。

小君说，我明白了，学收就是不能吃独食，要学会分享。

秋之算账

小君学习跟秋有关的字，他找出来，揪萩湫鳅啾，瞅蝵楸鹙愁，看着看着都发愁了。

小君跟妈妈说，开春时你们让我在地图里找春，春是萌萌的；现在我找跟秋有关的字，感觉秋确实紧紧的。怪不得爸爸提到秋天就皱眉头，秋是有些皱巴巴的。

爸爸说，秋光、秋色很美丽，这只是表面现象，要知道天气一天比一天凉了，这种肃杀之气是不可阻

挡的。还有春天青黄不接的时候，人们一般会借贷度
日，秋天有收获了，欠下的债务就可以算清了。这就
是"秋后算账"。所以在秋天，不光有收获，还有明确
的产权意识，你有收获了，你是不是也从别人那儿得

11

到过帮助，在这个收获的时候是不是要还别人、要回报给别人。

小君说，啊，我想起来了，立夏的时候说过要有财产意识，这个时候又强调财产权，秋后算账就是一种权利宣示。

爸爸说，你这样理解也对。当然算账要算大账不要算小账，我们中国人除了算账也是要讲人情的。

小君想，我看过孟尝君的故事，有很多人曾经向他借钱，但他后来一把火烧掉借条，赢得了大伙的拥护，这种账算是大账还是小账呢？

立秋之叶

爸爸要小君在立秋当天观察小区的树有什么变化，小君担心自己一人完不成任务，就通知了艾米、依依和小广等人，要他们一旦发现什么情况立刻通报自己。他自己则选定小区的几棵杨树，一直盯着看。

到下午的时候，小广和依依都说，他们那里的树没什么变化，树叶还在树上，都绿油油的。艾米发来了一段视频，是她用手机拍到的一片正从树上飘落的树叶，虽然叶子还是青色的，但确实掉下来了。小君

14

再留心小区的树木，果然地上也落了一两片树叶。

　　小君跟爸爸说了，爸爸很满意。你知道吗，这就叫**一叶落而知天下秋**，连树叶都知道秋天要来了。

　　小君说，看到地上的叶子，突然理解了什么是**生如夏花之绚烂，死如秋叶之静美**。

雪，明日对秋风。
立秋前一日览镜
唐·李益

立秋之交

万事销身外，生涯在意中。佳辰满鬓霜

几天下来，小君觉得天气还是炎热。他不理解，问爸爸，为什么立秋时的天气没什么变化？

爸爸说，这是因为炎热在立秋后并未马上消失，有时候"秋老虎"的余威甚于夏热，立秋因此又称"交秋"，只是交代了秋天的来临。在很多地方，节气上的"立秋"并不代表本地真正入秋。

小君说，我知道，小广所在的广东就还没有入秋，依依、艾米所在的安徽可能也没有入秋。

爸爸说，有一个标准是，只有达到连续五天日均气温低于22℃的地区方可断为入秋。从这个标准看，中国相当多的地区正式入秋的时间要晚于立秋一到两个多月，很多地区并未进入秋天气候，而且每年三伏天的末伏还在立秋之后。小广他们所在的地区还是夏暑的气象，台风季节使他们的气温更加酷热，古人因此将从立秋开始到秋分前的日子称为"长夏"。

小君拿出来一个本子，对爸爸说，这个长夏的名字很好听。我这个本子记着，按照余叔叔说的，把节气对应一天中的时间来计算，立秋就相当于下午三点，也是气温最高的时候。

爸爸说，余叔叔的这个方法好，让你理解节气多一种角度。但无论是长夏也好，还是下午三点也好，

终归是到了最后的辉煌。唐代的李益就曾经在立秋前

一天看着镜子感慨说：

万事销身外，

生涯在镜中。

唯将满鬓雪，

明日对秋风。

寒蝉鸣

白露生

凉风至

六

立秋

物候

　　小君要小伙伴们连续五天记录下本地的气温，虽然手机、网上都能查到本地的气温，小君还是带着小墩儿到小区里实地测量。这天中午，他和小墩儿在大太阳底下等着测量的结果，他突然大叫一声，小墩儿，我发现了。

　　小君的声音把小墩儿吓了一跳，小君哥哥，你发现什么了？

　　小君说，小墩儿，你不知道，立秋了，果然风有变化了，不再是温风了。风是凉爽的。走，到我家吃点儿东西，我要告诉爸爸这个发现。

爸爸说，是的，立秋的**第一个物候是凉风至**。很多地方开始刮偏北风，偏南风逐渐减少。刮风时人们会感觉到凉爽，此时的风已不同于盛夏酷暑天中的热风。小暑节气开始是温风，现在就是凉风了。

从立秋开始，昼夜的温差大了，空气中的水蒸气在清晨凝结成了一颗颗晶莹的露珠，这就是**第二个物候，白露生**。同时，树上的鸣蝉也感受到天气的变化，它们的叫声更凄厉，这就是**第三个物候，寒蝉鸣**。

立秋之咬

　　余叔叔来找小墩儿回家睡午觉，小君告诉余叔叔刚才的发现。

　　余叔叔说，是啊，虽然天气还是炎热，但是已经在发生变化了，只有细心的人才能感觉到这些变化。立秋时虽热，但三种物候，不外乎一个字"凉"，提醒人们天气转凉了。如果不凉的话，对农业生产影响是非常大的。俗话说，秋不凉，籽不黄。如果立秋不下雨，天气不凉下来，那么农作物就会损失很大。

银烛秋光冷画屏，轻罗小扇扑流萤。天阶夜色凉如水，卧看牵牛织女星。

秋夕 唐·杜牧

还有，七夕有时在立秋期间，古人对这个凉字也是感受很深的，像杜牧的诗就写得很好：

银烛秋光冷画屏，轻罗小扇扑流萤。

天阶夜色凉如水，卧看牵牛织女星。

小君问，余叔叔，立秋有什么吃的习俗吗？

爸爸抢着说，对了，小墩儿和余叔叔来我们家了，我们还没招待他们呢，正好冰箱里有妈妈备好的甜瓜、西瓜，小君，你拿出来和大家一起吃。这就是立秋的习俗，叫啃秋、咬秋，物候是凉的，诗也是凉的，咬秋就是要锻炼肠胃，据说立秋咬秋，可以避免拉肚子。

小君说，原来跟立春的咬春一样，都是咬。立秋还有哪些习俗呢？

余叔叔说，还有称重啊，立夏要称体重，一个夏天下来，人的体重一般会减少一点儿，这个时候称称体重，做个对比。秋风一起，胃口大开，要补偿夏天的损失，补的办法就是"贴秋膘"，在立秋这天吃肉，以肉贴膘。

处暑

处暑
追寻
一出暴
的音

八

处暑之处

隐意
炎热离开意思

小君和小伙伴们坚持测量记录天气，立秋后都快过去半个月了，最后五六天的平均气温仍在 22℃以上。

爸爸说，到了 8 月下旬，就是处暑节气了。处暑节气的气温就会比立秋时下降得明显了。

小君问，那为什么还要叫暑天的暑呢，而且叫处暑？

爸爸说，因为这个时候天气有回热现象，仍跟暑天一样，欧洲人叫"老妇夏"，北美人叫"印第安夏"，跟我们一样，仍以夏天来命名这个时候。

至于"处"这个字，有止、隐退的意思，处暑就是夏天到此为止了。毕竟立秋都过去了，暑气该退了，该走了，"处"既有置身其中的意思，又有离开潜居的意思，所以这个节气就叫处暑了。

小君说，爸爸这么说有出处吗？

爸爸笑了，出处的本意就是或出或处。你读读孔子的话：君子之道，或出或处，或默或语。二人同心，其利断金。同心之言，其臭如兰。

九

处暑之

物候

小君说，看来立秋只是交秋，处暑则是向夏天告别。如果立秋的物候都跟凉有关的话，处暑的物候是不是更凉了？

爸爸说，你猜得不对。处暑的**第一个物候是鹰乃祭鸟**。小暑节气里鹰就开始在高空中盘旋，练习了搏杀技术，现在它们开始大量捕猎，把鸟抓到就像是祭祀天地一样。

而**第二个物候就是天地始肃**，人们看到鹰这样的鸟类在祭祀，也觉得天地严肃起来了，其实是天地间万物开始凋零的意思。

第三个物候是禾乃登，"禾"指的是黍、稷、稻、粱类农作物的总称，"登"即成熟的意思，这个时候一般来说是指水稻成熟可以收割了。农民常说"五谷丰登"，在农业社会，五谷丰登是吉利话，它意味着风调雨顺，国泰民安。

小君说，明白了，看来处暑的物候不是着眼于凉，而是着眼于天地间的收割。

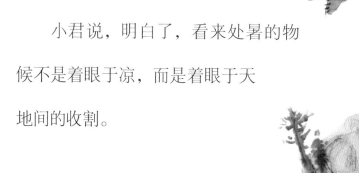

霜降　寒露　秋分　白露　处暑　立秋

爸爸说，其实处暑的凉非常重要，只有凉了，收割才有成果。而只有下雨才能凉，所以处暑下雨非常重要。孟子就说过，"七八月之间旱，则苗槁矣；天油然作云，沛然下雨，则苗浡然兴之矣，其如是，孰能御之？"

所以农民说："处暑若还天不雨，纵然结子难保米。"宋代的王之道在处暑节气遇到下雨时特别高兴，因为当时好多天没下雨了，大家的心思都在期盼老天爷降下甘霖。他就想到孟子说过："民望之，若大旱之望云霓也。"

小君查了字典，他拉着爸爸说，"登"字一般是从低到高，没想到也指成熟。他记得《中庸》有一句名言，君子之道，辟如行远必自迩，辟如登高必自卑。

爸爸说，五谷丰登也有把粮仓装满装得高高的意思啊。还有，在过去，收获了粮食，要向政府纳税，进献五谷，还要向祖先供奉新粮。"登"有进献的意思。

小君说，没想到天气热，农民伯伯还要做这么多事。

爸爸说，我小时候在农村生活，村民们对"登"也是熟悉的，他们觉得做农民命苦，一辈子跟泥巴打交道。他们经常说一句话："眼睛一闭，腿一伸，登（蹬）不动了，就算了结了。"

小君很难过，他跟小伙伴们报告了新学的知识。小广说他们广东立秋前种的水稻要到

37

10月才成熟呢，农民还得忙呢；而在日本生活的小宁桑说日本有五谷之神来安慰农民……小伙伴们的意见很统一，天气还这么热，农民们就有这么多事要做，农民们真辛苦啊。相比之下，大家坐在有空调的房子里，真是幸福。

爸爸听到了小君和朋友们的感叹，笑着说，其实，不仅农民的事情多，就是我们普通人，在处暑这样的秋天里，也是有很多事的。就拿身体方面来说，气温下降日趋明显，昼夜温差加大，秋雨过后又会艳阳当空，人们往往对此时的冷热变化不很适应，一不小心就容易引发呼吸道感染、肠胃炎、感冒等流行疾病，这时也是"多事之秋"。

处暑之燥

　　果然是多事之秋，一连几天晴天就觉得嘴唇发干，好像空气的湿度一下子就低了。

　　一天早上，小君起床后感觉嗓子发干，皮肤干燥，喝了一大杯水，也难以解渴。妈妈说，这就是"秋燥"。"秋燥"属温燥，这几天你要多吃点儿清淡的。

　　爸爸说，怪不得夏天泼水降温的习俗一直延续到处暑，听说日本人也有这个泼水的习俗，泼水既能降温，也可以增加空气中的湿度。秋天的湿度一天比一

天低，到冬天就要开加湿器了。

小君不相信爸爸说的泼水降温加湿，他跑回自己房间看湿度计，果然显示干燥；他往地上泼水，很快就干了。

听说小君不舒服，小墩儿拉着余叔叔来看小君。

余叔叔说，这个天气，是要当心"秋燥"伤人，严重的还会头疼、口渴、干咳，身体不舒服。"秋燥"是季节性的不适，主要与久晴少雨、秋阳暴烈的气候有关。要注意饮食调理，少吃或不吃辛辣的食品，多吃清淡的瓜果蔬菜就好。

余叔叔接着说，人们在小满、芒种期间的身体状态是一年当中最好的，那也相当于一天的上午十点、十一点的时间，是人的精力最为旺盛的时候。现在则相当于一天的下午四点，精力不济。人自己感觉也有点儿虚。说起来有意思，七月半的鬼节一般在这个节气里，人的身体发虚，有时候病了或迷糊了，就会说撞见了鬼，其实只是迷信罢了。

白露

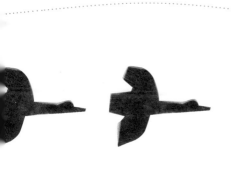

白露之秋

　　小君没有想到，远在安徽的艾米和依依一直在坚持记录天气。9月初，她们说，合肥的平均气温还在22℃以上，但是已经凉爽多了。

　　小君告诉了爸爸。爸爸说，这个时候，气温迅速下降，绵绵秋雨开始，日照骤减，大部分地区，候（五天）平均气温从北到南先后降至22℃以下，时序开始进入真正的秋天了。

　　父子俩说着话，小墩儿敲门进来，奶声奶气地说，小君哥哥，天凉了。

爸爸笑了，这个节气，所有的人都能感觉到天气的变化了。天气转凉，温度降低，水汽在地面或物体表面凝结成水珠。寒气逐渐加重，人们清晨可以在地面草木间看到白色的露珠，古人就把这个节气称为白露。

小君说，嗯，我知道，杜甫有一句诗，*露从今夜白，月是故乡明*。

爸爸说，你还要知道有这样一句谚语，*白露秋风夜，一夜凉一夜*。

余叔叔来接小墩儿回家，听见小君父子谈白露节气，也坐下来加入他们的谈话。

余叔叔说，白露是一个很重要的节气，大自然的很多生物此时都开始为过冬做准备，为下一年做准备。一些瓜果不好吃了，味道变苦涩干涩了，小君可以考察一下这个时候有哪些瓜果不能吃了。

小君说，我知道，黄瓜就没有夏天的时候好吃。

余叔叔说，不过，这个时候是山珍海味的季节，

比如山上出产的核桃等山货上市了，新鲜的核桃比干核桃还要好吃。

小君问余叔叔，那白露节气的物候是不是都跟吃的有关啊。

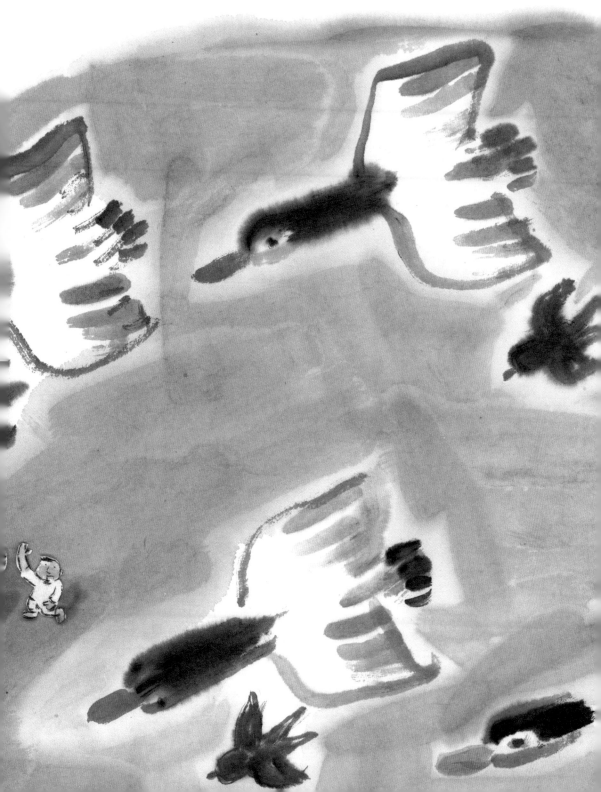

余叔叔说，当然不是，虽然这个时候物产丰富，但古人总结白露的三个物候是，一候鸿雁来，二候玄鸟归，三候群鸟养羞。这时鸿雁和燕子飞回南方避寒，其他鸟类开始贮存粮食准备过冬。

小君说，啊，都跟天上的鸟有关。

小墩儿说，我喜欢鸟儿。

余叔叔说，是的，白露的三候都跟鸟有关，春分时飞到北方养育后代的大雁，还有玄鸟燕子，它们都是候鸟，是跟着季候南北迁徙的鸟。那些留在本地的各种留鸟也感受到天地的肃杀，纷纷为过冬做准备。

十四 学习 白露之

　　余叔叔讲得兴起，突然转移话题，对了，白露节

气到了，你们也该开学了。

　　小君说，是啊，我作业早就做完了。

　　余叔叔问，那你知道为什么秋天开学定在这时吗？

　　小君猜着说，可能是因为天气好，适合学习。

　　余叔叔说，有道理。对成年人来说，白露不能露，

夏天穿戴较随性，天气炎热的时候，人们还会打赤膊，

到了此时，自然天气告诫人们不能露了，社会人情也

谓伊人，在水一方。

诗经·秦风·蒹葭

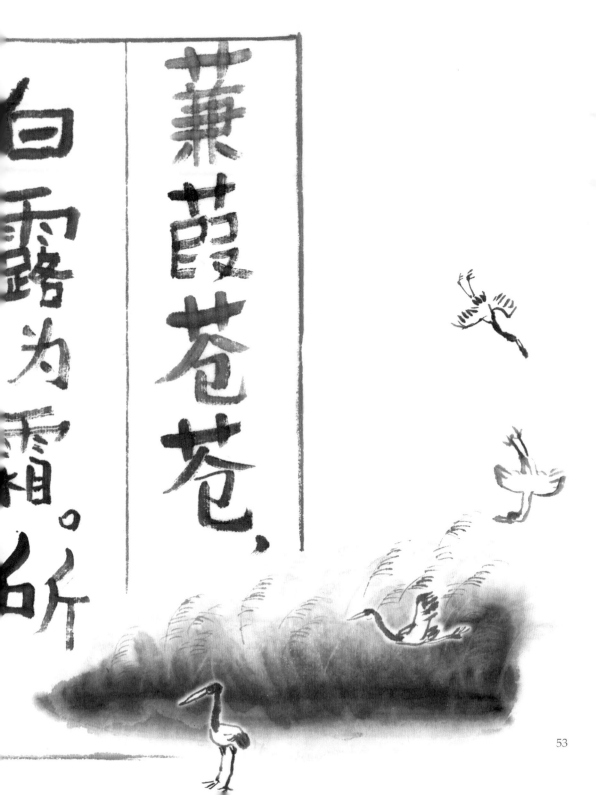

蒹葭苍苍，
白露为霜。所

告诫人们需要讲究一些了。对你们小朋友们来说，打架、游泳、摸鱼儿、掏鸟儿等夏天撒野的日子结束了，即使硬着头皮也要接受管教了。无论大人还是小朋友都要懂礼仪了，而要做到知书识礼，就必须学习做人的礼节。

小君问余叔叔，不学有什么坏处吗？

余叔叔笑着说，孔子说过，**不学诗，无以言**，不学的话，你连开口说话都差人一等。比如你要是喜欢一个女孩子，你只会说喜欢她，愿意为她点赞，为她加油。但学习了之后你就知道说：

蒹葭苍苍，白露为霜。

所谓伊人，在水一方。

　　说到这里，小君突然接到依依的视频电话，依依说，她跟艾米一起玩，争论起秋天的颜色来。依依说，她认为秋天的颜色是黄色，但艾米非要说是金色。

　　小君说，你们都没错啊，黄色就是金色。

　　余叔叔听到他们的视频对话，探头对依依说，黄色是秋天的表面现象，从一年四季的对应上说，春青夏红秋白，秋天的颜色是白色。

　　依依惊讶，真的吗？

春：

青色

夏： 秋：

红色 ？ ？ ？

余叔叔肯定地点点头，又说，中国人心中的白色和西方人眼中的白色略有不同，西方人认为白色是纯洁无暇的，中国人却觉得白色带有肃杀气，这正和秋风起时万物萧索的景象一致。现在这个节气叫白露，也是古人发现了秋天在表面现象之外真正的颜色。这叫透过现象看本质。就像夏天，一般人看到的夏天，都是绿色的山川大地，但古人认为夏天的颜色是红色，这就是看到了本色。

秋分

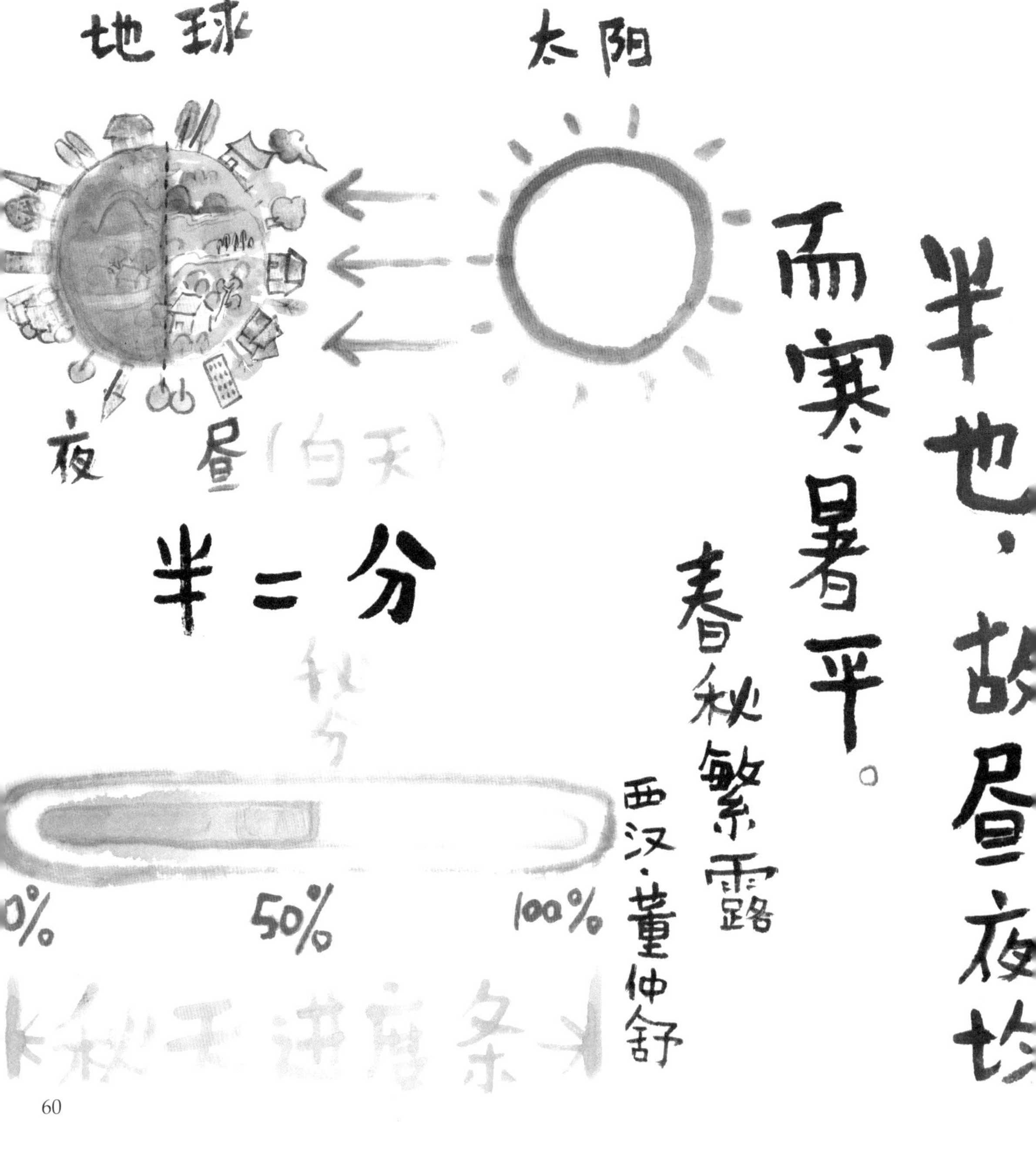

地球　太阳

夜　昼（白天）

半 = 分

秋分

0%　50%　100%

半也，故昼夜均而寒暑平。

春秋繁露

西汉·董仲舒

秋分之分

秋分者，阴阳相

小君上学半个多月，就到了秋分。

虽然开学时间短，但老师已经对同学们做了摸底考查，大家在假期有什么收获。小君得到了老师的表扬，老师说，他对节气的了解已经接近专业水平了，没有人能跟他相提并论。小君说，全班同学中只有他一人把二十四节气歌写完整了。

妈妈说，没想到秋收，我们小君到了秋天也有了好成绩。应该好好感谢余叔叔，是他让你有了好成绩。

小君说，我这就跟余叔叔打电话，让他也高兴高兴。

小君放下电话，说余叔叔要来串门。爸爸问小君，现在是秋分节气，有一个关于秋分的成语，意思跟你的老师的评价差不多，你猜得出是哪个成语吗？

小君说，秋分跟春分一样都是白天跟晚上的时间一样长。我猜跟"相提并论"一个意思的就是"平分秋色"。

爸爸笑而不语。

小君知道自己猜对了，又问爸爸，春分有竖蛋的游戏，秋分也有吧？

爸爸点点头，猜对了。秋分跟春分一样，都是太阳直射赤道，所以自然现象和民间习俗多有相同。"秋分到，蛋儿俏。"人们会在秋分日选择一个光滑匀称的新鲜鸡蛋，轻轻地在桌子上把它竖起来。

小君又说，我记得春分有要人广交朋友的意思，那么秋分也有吗？

爸爸回答，是的，秋分也是有的，你只要了解秋分的物候就明白了。

一候雷始收声，二候蛰虫坏户，三候水始涸。

秋分之物候

小君问爸爸，秋分的物候是什么呢？

爸爸说，**一候雷始收声**，秋分很少打雷了，即便打雷，这时的雷声也很微弱。**二候蛰虫坯户**，"坯"原本指的是土，在这里是个动作，和"培"的意思差不多，是用土来增厚增高。这一物候是说天冷了，小虫子在地下封住洞口防止寒气侵入。**三候水始涸**，这说的是降雨也变少了，天气干燥，水汽蒸发快，不光湖泊与河流中的水变少了，一些水洼里的水也干涸了。

小君说，听得人都发冷，好日子真的到头了吗？
不是说秋光最美吗？宋代苏东坡有一首诗说：

荷尽已无擎雨盖，菊残犹有傲霜枝。

一年好景君须记，最是橙黄橘绿时。

正说着，余叔叔来到家里了。他乐呵呵地说，
小君，有我和你爸爸妈妈撑腰，还没人敢跟你比节
气知识。

小君说，谢谢余叔叔。爸爸刚才正跟我讲秋分呢。
好像秋分的物候都跟气候变冷有关，但我看到的世界
还是秋高气爽。

余叔叔说，是啊，这个时候景色确实不错，只有

敏感的人能感受到天地的变化。物候能适应天地变化，人也不应该只是流于表面啊。宋代的诗人陆游在秋分的时候感觉凄冷，说树叶没黄就落了，蟋蟀也从田野躲进屋子里，他自己老了，不知道做什么好，家里有酒有书，就读书下酒，只能想想上古美好的时代……

小君问，余叔叔，苏东坡和陆游都是宋代人，为什么他们对秋天的感受不一样呢？

余叔叔说，苏东坡生活在北宋，相当于宋代的春天，他的心态是上升的，所以他看见秋天就觉得乐观向上；而陆游生活在南宋，相当于宋代的秋天，他的心态是下降的，所以他到了秋天就觉得凄凉。

秋分家园

　　小君感慨，我学了好多形容秋天的词语：凉风习习，碧空万里，风和日丽，秋高气爽，丹桂飘香，蟹肥菊黄……没想到很快就要过去了。

　　爸爸说，春天秋天都很美，但对我们来说，都显得短暂，所以古人叫伤春悲秋。不过，人不能一味地沉溺于感伤之中，人要为秋冬之际的生活努力，要建设好自己的家园。除了向大自然学习，我们也要向农民朋友们学习。有心的农民会在秋忙空闲之际，检查、修缮房屋，使房子焕然一新，以迎接冬天。

余叔叔说，古人在秋分前后也会结社，就是秋社。秋社跟春社一样，都是交朋友的意思。春社交朋友是相互帮忙完成生产任务，秋社交朋友是相互帮忙过好生活。

小君说，我懂了，为什么古人在秋分之际也要强调广交朋友。因为要过冬了，谁都有不顺的时候，多个朋友就多一个机会。

余叔叔说，其实，秋分不仅在考验我们的人缘、朋友缘，还在考验我们的技艺能力，要过冬了，我们有什么本领能自信地度过严冬。

小君说，这个好。我要跟小伙伴们说一说，要他们把自己的长处和新学到的技艺列出来，这样随时提醒自己，提高自己。

秋分之宅

晚上，小君拉着爸爸的手在小区散步。

爸爸说，我们户外活动的日子不多了，顶多再有一个月，大家都会宅在家里了。

小君说，我明白了，我们现在既要享受大自然给予我们的美好时光，也要做好宅居的心理准备。不过，没关系啊，不能在外面玩了，我跟小伙伴们可以在家里联网玩啊。

爸爸说，小君，那你想过没想过，大自然要你宅在家，不仅仅是在家也能热闹，也能跟大家一起玩；而且是要你体会一个人的状态，大自然要你享受你一个人的状态，最后在最孤绝的时候，独与天地精神相往来。

小君若有所思。

爸爸说，你读过很多诗，爸爸今天教你一首叶芝的诗：

我就要动身走了，去心灵自由之岛，

搭起一个小屋子，筑起泥巴房子，

我要有九行的芸豆，一箱的蜜蜂，

在林中幽居，倾听蜜蜂的嗡嗡营营，

我享受安宁，安宁慢慢地降临，

从早晨的面纱落到蟋蟀歌唱的地方，

午夜是一片闪亮，

正午是一片紫光，

傍晚到处飞舞着红雀的翅膀。

我就要动身走了，

因为我听到那水声日日夜夜拍打着湖滨，

不管我站在车行道或灰暗的人行道，

都在我内心深处听到这声音。

飞走了，

去心灵自由之

岛，搭起一个

小屋子，筑起

泥巴房子……

茵纳斯弗利岛　爱尔兰·叶芝

动就我要

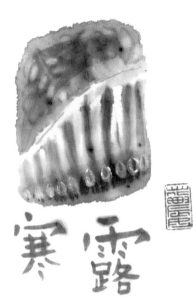

寒露

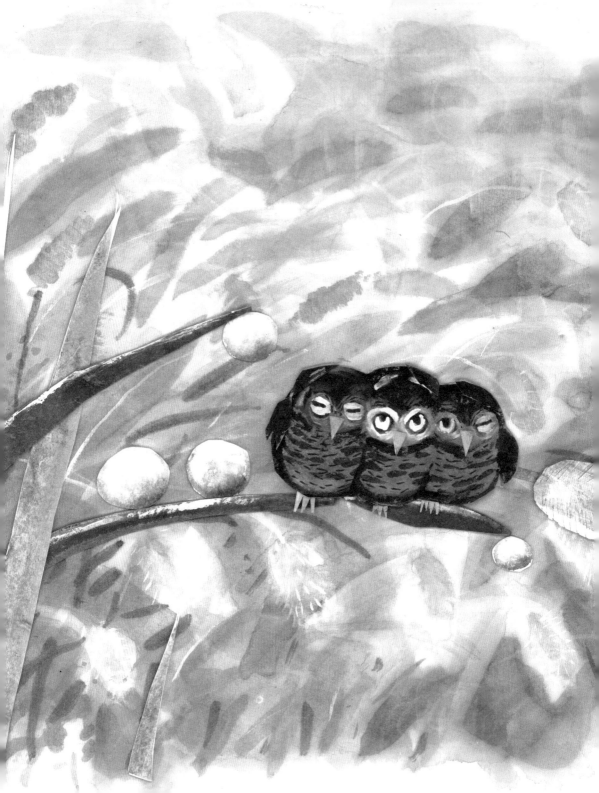

寒露之寒

10 月黄金周到了，小君的小伙伴们都跟着爸爸妈妈满世界旅游了。小墩儿和余叔叔一家去了云南，艾米一家去了日本，依依一家去了大别山，小广一家南北大调换，从广东到了内蒙古……

小君一家人都宅在家里，爸爸妈妈说，这个时候旅游的人太多了，不如我们在家里好好休息。

小君每天看着小伙伴们发来的风光照片，好生羡慕。

爸爸问小君，你知道马上要到什么节气了吗？

小君说，这个时候真美啊，应该叫一个好听的名字。但我知道这个节气叫寒露，让人听来浑身发冷的名字。

爸爸说，因为这个时候的气温比白露节气时更低，地面的露水更冷，快要凝结成霜了。古人为之取名为寒露，表明气候开始从凉爽过渡到寒冷。

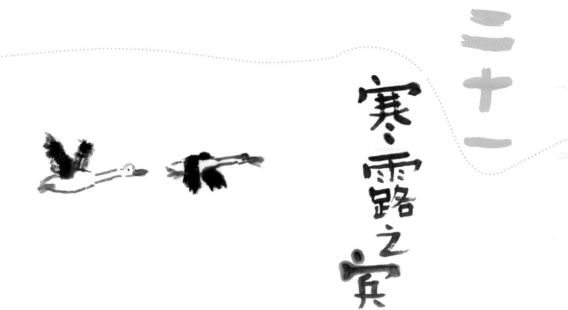

寒露之宾

小伙伴们发来的各地的风景照各有特色，云南的一米阳光、日本的繁华街头、大别山的秋色……有意思的是，小广在内蒙古发来了大雁飞过天空的照片，小君记得春天的时候他在广东也发过大雁北飞的视频。

爸爸跟小君说，这就是**鸿雁来宾**。这是寒露的物候之一。

小君问，白露期间不是有一个鸿雁的物候了吗，怎么这个时候又有了呢？

爸爸说，从白露到寒露，中间隔了半个月之久。这个时候古人还是用它做物候，而且用一个宾字，说明这是最后一批鸿雁了。我们常说，先到的为主，后到的为宾客。古人用字很讲究的。

小君说，嗯，古人也提醒我们要善待大雁，让它宾至如归。

二十二

寒露之花

爸爸意犹未尽，继续给小君讲寒露的物候。

爸爸说，寒露的**二候**是**雀入大水为蛤**。深秋天寒，原来常见的许多雀鸟不见了，古人看到水边突然出现很多条纹及颜色与雀鸟很相似的蛤蜊，便以为是雀鸟变成的。这跟我们以前说的一些物候一样，是一种物化。古人并不是错得一直不知道鸟是鸟，蛤蜊是蛤蜊，古人这么说侧重在大自然的变化。

寒露的**三候**是**菊有黄华**。这个时候的菊花已普遍开放。菊花是花中的君子，是花中的隐士。

小君说，我知道了，菊花是秋天最后的花，这是赏菊花的时候了。

爸爸说，这个时候确实是观赏景色的好时光，也有好多节日在这段时间，像农历八月十五的中秋节，还有农历九月九日的重阳节经常在寒露节气里。重阳节就是登高节，跟旅游黄金周一样，都是要人们到户外去，欣赏大自然最后的壮观。但无论中秋节还是重阳节，其实也提醒人们要重情，要维系我们人类的情感。

小君说，嗯，我跟艾米、依依、小墩儿他们就是好朋友、好兄弟姐妹。

爸爸说，有一个叫唐伯虎的人曾经画了一幅寒露节气的画，他眼里的寒露就是残叶败荷一类的东西，他还说，别说四海之内皆兄弟也，如今就是骨肉之间都冷眼相看了。

小君说，我知道唐伯虎，他是大才子，没想到他这么悲观啊。

爸爸说，借用余叔叔的话说，他对大明王朝感到失望，所以他这样敏感的人就悲观。

89

远上寒山石径斜，
白云生处有人家。
停车坐爱枫林晚，
霜叶红于二月花。

山行 唐·杜牧

爸爸说，虽然说季节要我们做好在家过冬的准备，但此时人们反而外出极多，活动极多。这是一种过度现象，似乎人类领悟到大自然的启示，一定要好好享用一年最后的繁华。但矫枉过正，如果不注意，反而会损害膝盖、关节，使肠胃受凉，身子受寒。

这时，艾米的妈妈给小君妈妈发信息说，艾米在日本把腿扭伤了，玩不了啦，只能在酒店里养伤。

爸爸对小君说，我们在家，看书看画，古人叫

"卧游"。

小君说，这个好，躺着旅游观光。

爸爸说，其实有一个卧游治病的故事。宋代的秦观有一次拉肚子，只能躺在床上，有一个朋友就给他送了一幅唐代诗人王维的山水画，说是看这幅画就可治病。秦观看画，就像自己在画中游览一样，精神振作，身体也变好了，几天过后果然病就好了。

我们说了半天寒露，其实这个时候观赏红叶也是一种习俗，"看万山红遍，层林尽染"。你还记得杜牧的诗吧。

远上寒山石径斜，白云生处有人家。

停车坐爱枫林晚，霜叶红于二月花。

霜降

霜降之霜相

　　10月下旬到了，这一天，爸爸跟小君说，霜降节气到了。

　　小君说，打小就知道"床前明月光，疑是地上霜"，霜是什么呢？

　　爸爸解释说，接近地面的水汽遇冷在地面或物体表面上凝结成水珠，就是露；凝结成白色冰晶，就是霜。从气体、液体再到固体，气温是一降再降。当天空中的水汽变成霜降下来，可见气温已经到了

0℃以下了。

霜降时期的温差大，在秋天的夜晚，天上若无云彩，地面上散热很多，温度骤然下降到0℃以下，靠地面的水汽就会凝结在溪边、桥间、树叶和泥土上，形成细微的冰针，有的成为六角形的霜花。

小君问，霜有什么厉害之处？

爸爸说，"霜降杀百草"，你说厉不厉害！

父子俩说着话，余叔叔带着小墩儿来串门，带了几个红艳艳的柿子。

爸爸很高兴，小君啊，吃柿子是霜降的习俗。据说这样不但可以御寒保暖，同时还能补筋骨。关于霜降吃柿子的说法很多，比如：霜降吃丁柿，不会流鼻涕。还有霜降这天要吃柿子，不然整个冬天嘴唇都会裂开。

小君吃了一只柿子，说真好吃。

吃起来别鲜美，萝卜也更嘎嘣脆。

味道特

霜降吃丁柿，不会流鼻涕。

霜降的蔬菜，如菠菜、冬瓜，有些经霜的蔬菜，如菠菜、冬瓜，爸爸说，虽然说霜降杀百草，但经霜的食材更美味。

余叔叔说，一般人以为严霜打过的植物，没有了生机，但这其实是误解。霜和霜冻形影相连，危害生物的是"冻"不是"霜"。霜只是天冷的表现，冻才是生物之害。

妈妈说，是啊，有些经霜的蔬菜，如菠菜、冬瓜，吃起来味道特别鲜美，萝卜也更嘎嘣脆，而霜打过的水果，像葡萄一类，就更为甘甜。还有栗子，这个时候的板栗好吃，还有羊肉啊，兔肉啊，都是这个时候要吃的。

小君说，可是兔子那么可爱，怎么吃得进去？

余叔叔说，嗯嗯，我们的小君是君子，君子远庖厨也。

二十六

霜降之

物候

小君说，余叔叔，你不是经常念叨，君子有所为

有所不为吗，那么，对于吃的，君子是不是应该有所

吃有所不吃呢？

余叔叔说，小君这个话好啊。我跟你一样，希望

大家有所吃有所不吃。

小君问，霜降的物候是不是跟这些吃的有关呢？

余叔叔说，其实，霜降的物候有的你我都难得一

见。**第一个物候，豺乃祭兽。**豺狼这类动物从霜降

一、 豺乃祭兽；

二、 草木黄落；

三、 蛰虫咸俯。

开始要为过冬储备食物，有人看到豺狼不吃捕获的猎物，而是放在那里，就像是豺狼感谢老天爷。你说说看，为什么古人要把难得一见的豺狼当作物候呢？

小君说，我知道，豺狼不仅难得一见，而且是人类印象不好的动物，连它们都要感恩老天爷，我们人类更应该感恩天地，感恩大自然。

余叔叔笑了，小君说得好，一点就透。霜降虽然意味着即将进入冬天，但古人认为人还是要感恩天地，这是在过冬的物质准备之外更重要的精神准备。霜降的**第二个物候是草木黄落**，树叶枯黄掉落。**第三个物候是蜇虫咸俯**，冬眠的动物也全在洞中不动不食，垂下头来进入冬眠状态中，就像修行人的沉思或入定。

二十七

霜降加减

听了余叔叔的话，小君说，那么人也该像冬眠的动物那样不动或少动吗？

余叔叔说，不一定要像动物那样冬眠，但是外在的活动，外在的"枝叶"能减就减掉。"删繁就简三秋树"。这删繁就简的手，就是霜降，而大自然删繁就简，也是启示人们需要做减法，注意休养生息。

小君明白了，原来霜降是启示人们做减法啊。

余叔叔说，大自然的启示既有减法，也有加法。

风卷清云尽，空天万里霜。

野豺先祭月，仙菊遇重阳。

秋色悲疏木，鸿鸣忆故乡。

谁知一樽酒，能使百秋亡。

咏廿四气诗·霜降九月中

唐·元稹

107

秋天就要结束了，有些树木成材可以用了，人们删繁就简，会砍伐一些树木，维持大自然的生态平衡。在伐木的过程中，人们发现了树的年轮。年轮就是树的横切面上一圈圈的纹理，一圈纹理代表一年，相当于树木活一年，就在自己身上留下了一圈记号。

小君说，我懂了，一方面，大自然要求大家在秋冬之际做减法，另一方面，大家在秋冬之际，大自然又给大家添加上年岁的记号。

爸爸说，小君，霜降过后，秋天就过去了。让秋天过去其实还有一个意思。唐代的元稹在霜降的时候说过，别看万里有霜，别看豺狼祭月、菊花重阳，我们喝上一杯酒，就能让百种秋愁消亡，也就是让秋天的惆怅全都过去。